SUR LA RELATION

QUI EXISTE ENTRE LE

SENS DU COURANT ÉLECTRIQUE

ET LES

CONTRACTIONS MUSCULAIRES

DUES A CE COURANT,

PAR

MM. A. LONGET ET C. MATTEUCCI.

(Premier Mémoire.)

Lu à l'Académie des Sciences, dans sa séance du 9 septembre 1844.

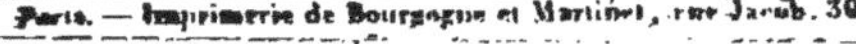

PARIS,

CHEZ FORTIN, MASSON ET Cⁱᵉ, LIBRAIRES,

PLACE DE L'ÉCOLE-DE-MÉDECINE.

1844.

Paris. — Imprimerie de Bourgogne et Martinet, rue Jacob, 30.

SUR LA RELATION

QUI EXISTE ENTRE LE

SENS DU COURANT ÉLECTRIQUE

ET LES

CONTRACTIONS MUSCULAIRES

DUES A CE COURANT,

PAR

MM. A. LONGET ET C. MATTEUCCI.

(Premier Mémoire.)

Lu à l'Académie des Sciences, dans sa séance du 9 septembre 1844.

PARIS,

CHEZ FORTIN, MASSON ET CIE, LIBRAIRES,

PLACE DE L'ÉCOLE-DE-MÉDECINE.

1844.

Paris. — Imprimerie de Bourgogne et Martinet, rue Jacob, 30.

SUR LA RELATION

QUI EXISTE ENTRE

LE SENS DU COURANT ÉLECTRIQUE

ET LES

CONTRACTIONS MUSCULAIRES

DUES A CE COURANT ;

PAR

MM. A. LONGET ET C. MATTEUCCI.

Les physiciens ont étudié, jusqu'à présent, l'action du courant électrique, *à direction différente*, spécialement sur les nerfs lombaires et sciatiques des animaux, c'est-à-dire sur des cordons nerveux qu'on appelle *mixtes*, parce qu'ils sont composés de filets dont les uns conduisent les impressions, et les autres, le principe de la contraction musculaire.

Cette étude commencée par Lehot, poursuivie par Bellingeri, Nobili, Marianini et Matteucci, a démontré que si, dans une portion de la longueur d'un nerf de cette double nature (encore adhérent ou non à l'axe cérébro-spinal), on fait passer *immédiatement* un *courant direct* ou dirigé du cerveau aux extrémités nerveuses, des contractions surviennent dans les muscles inférieurs, en fermant comme en ouvrant le circuit; et que les mêmes phénomènes sont produits par un courant *inverse*, c'est-à-dire par celui qu'on dirige des extrémités du nerf vers l'encéphale.

Mais les auteurs précédents ont vu bientôt apparaître une autre période persistante, dans laquelle les contractions n'ont plus lieu que dans deux cas : 1° *au commencement du courant direct;* 2° *à l'interruption du courant inverse.*

Telle est l'unique loi générale, admise aujourd'hui, sur la relation du sens des courants électriques avec les contractions musculaires qu'ils excitent, en passant dans les nerfs des animaux vivants ou récemment tués.

La découverte fondamentale de Charles Bell sur les fonctions différentes des faisceaux de la moelle épinière et des racines des nerfs rachidiens, nous a conduits à rechercher si cette loi, établie par des expériences exécutées seulement sur des nerfs mixtes, serait applicable ou non à des parties du système nerveux dont l'action n'est que centrifuge, ou exclusivement motrice : c'est assez dire que nos recherches ont dû être d'abord dirigées sur les racines spinales antérieures et sur les faisceaux correspondants de la moelle épinière.

Dans ces recherches, il importe de soumettre toujours la même racine antérieure au même courant;

D'employer celui-ci d'abord tellement faible qu'il donne à peine lieu à des contractions;

De ne pas s'arrêter aux premiers phénomènes qui, à cause de la trop grande excitabilité de la racine, ne sont jamais bien nets, mais de continuer l'usage du même courant jusqu'à ce qu'un effet durable et constant apparaisse;

D'opérer sur les racines lombaires, parce qu'elles offrent plus de longueur, et permettent plus facilement d'éviter les dérivations de courants sur les parties voisines ;

De bien étancher le sang et d'enlever l'humidité qui entoure la racine sur laquelle on agit ;

D'isoler celle-ci à l'aide d'une languette de taffetas vernis ou d'un fil de soie qui l'étreigne et serve à la soulever sans tiraillement ;

D'isoler surtout la pile avec le plus grand soin (1), ce dont on s'assure en touchant séparément le nerf avec l'un ou l'autre réophore : sans cette dernière précaution, il serait impossible de connaître la direction du courant dans la racine, et les résultats seraient équivoques.

Ajoutons encore que, dans ces expériences délicates, si l'on augmente subitement le nombre des couples, ou si l'on fait passer le courant dans une plus grande longueur de la racine, on pourra voir réapparaître *momentanément* un peu de confusion dans les phénomènes, c'est-à-dire des contractions musculaires en ouvrant et en fermant le circuit, quelle que soit la direction du courant : mais le résultat que nous allons faire connaître ne tardera point à se reproduire avec la plus grande netteté.

La racine spinale antérieure a été soumise aux courants *direct et inverse*, dans les quatre conditions suivantes : la racine antérieure et la postérieure correspondante étant intactes ;

---

(1) Nous avons fait usage d'une pile à auges, chargée avec de l'eau acidulée à l'aide de l'acide nitrique : cette pile est commode, parce qu'elle permet de varier le nombre de couples autant de fois qu'on le veut pendant la durée de chaque expérience.

l'une et l'autre divisées ; la postérieure intacte et l'antérieure divisée ; la postérieure divisée et l'antérieure intacte.

Dans tous ces cas, les contractions du muscle ou des muscles animés par la racine antérieure sur laquelle on agit se manifestent d'abord confusément au commencement et à la fin du courant, quelle que soit sa direction ; mais, après un certain temps (un peu plus long si la racine antérieure adhère encore à la moelle) les effets deviennent nets et durables : *les contractions n'ont plus lieu qu'au commencement du courant inverse et à l'interruption du courant direct.*

Cette complète opposition avec ce qu'on observe sur les nerfs mixtes (le sciatique, par exemple, *ou le nerf rachidien pris immédiatement au-dessous du ganglion inter-vertébral)*, nous a engagés à répéter les expériences un grand nombre de fois sur divers animaux : leurs résultats, constatés chez le cheval, le chien, le lapin et la grenouille, ont été invariables.

Mais, pour les reproduire avec certitude chez la grenouille, il est indispensable (à cause du peu de longueur des racines, de l'extrême facilité avec laquelle l'excitation galvanique se transmet au-delà du ganglion inter-vertébral, et par conséquent au nerf rachidien mixte) de prendre certaines précautions qui, quoique bien simples, ne se sont révélées à nous qu'après des essais longtemps réitérés. Après avoir séparé la moelle de l'encéphale et ouvert le rachis du côté de la cavité abdominale, on glisse des languettes de taffetas vernis au-dessous des racines lombaires antérieures laissées adhérentes à une suffisante longueur de la moelle épinière ; puis, ayant coupé tous les nerfs lombaires du côté opposé à celui de l'expérience, on applique l'extrémité d'un réophore sur la partie antérieure de la moelle, et l'extrémité de l'autre sur un point de la racine antérieure assez rapproché de cet organe : dans ce cas, les effets se manifestent bientôt d'une manière aussi tranchée que chez le chien, c'est-à-dire que les contractions du membre abdominal ne s'observent que dans deux cas, au commencement du courant inverse et à l'interruption du courant direct. Mais si, appliquant les deux réophores sur la racine antérieure elle-même, vous vous rapprochez du ganglion inter-vertébral, et que l'excitation soit transmise au nerf mixte situé immédiatement au-dessous de ce ganglion, vous verrez les phénomènes se renverser et apparaître tels qu'ils ont lieu avec les nerfs qui n'ont pas une action exclusivement centrifuge, comme les racines antérieures.

Un fait digne de remarque, c'est qu'en continuant à faire passer un courant dans les racines antérieures divisées (chez le cheval, le chien, etc.), on voit les contractions musculaires, excitées par le courant inverse qui commence, persister beaucoup plus longtemps que celles dues au courant direct qui cesse.

Arrivons à l'influence du courant sur les faisceaux blancs antérieurs et latéraux de la moelle épinière.

Après avoir coupé transversalement la moelle au niveau de la douzième vertèbre dorsale, et incisé la dure-mère qui revêtait son bout caudal, nous avons divisé et écarté toutes les racines antérieures et postérieures au niveau de la longueur des faisceaux antérieurs sur laquelle nous nous proposions d'agir ; et, les ayant dépouillés de la pie-mère dans les points où devaient être appliquées les extrémités des réophores, nous avons constaté que les contractions survenaient (après quelques instants ou après l'extinction de toute *action réflexe*), dans le train postérieur de l'animal (chien), seulement au commencement du courant inverse, et à l'interruption du courant direct, c'est-à-dire comme avec les racines antérieures.

Quant aux faisceaux latéraux, ils réagissent avec les courants *direct* et *inverse* à la manière des antérieurs, en occasionnant toutefois des secousses convulsives moins persistantes et moins énergiques.

Nos expériences sur les faisceaux antérieurs de la moelle ont été souvent reproduites non seulement sur des chiens, mais encore sur des lapins, des grenouilles, et enfin sur une couleuvre à collier (*coluber natrix*).

Si les phénomènes que nous venons de faire connaître sont de nature à éveiller l'attention du physicien, ils peuvent aussi recevoir du physiologiste des applications utiles, et lui servir à appuyer d'arguments nouveaux la distinction, dans le système nerveux, des agents de la sensibilité de ceux du mouvement.

Tout en admettant des propriétés et des fonctions différentes dans les deux ordres de racines spinales, un assez grand nombre d'expérimentateurs, surtout en Allemagne, entretiennent encore des doutes sur la mission *exclusivement* motrice de la partie blanche antérieure (1) de la moelle épinière, doutes que l'un d'entre nous s'est déjà efforcé de dissiper dans un travail inséré dans les *Archives générales de médecine* (2).

Or, toute incertitude à cet égard nous semble désormais impossible, puisque, sous l'influence des courants *direct* et *inverse,* les cordons blancs antérieurs de la moelle réagissent constamment à la manière des racines spinales antérieures dont l'action est seulement centrifuge, et non à la manière du scia-

---

(1) Inférieure chez la plupart des animaux.

(2) Recherches expérimentales sur les propriétés et les fonctions des faisceaux de la moelle épinière et des racines des nerfs rachidiens ; avec un examen historique et critique des expériences faites sur ces organes depuis sir Ch. Bell, 1841 ; par A. LONGET.

tique, par exemple, dont l'action est centripète et centrifuge, c'est-à-dire sensitivo-motrice.

Dès lors la physiologie se trouve en possession d'un moyen sûr, emprunté à la physique, pour pouvoir distinguer les nerfs qui ne conduisent que le principe de la contraction musculaire, de ceux qui conduisent à la fois ce principe et les impressions périphériques, et qu'on a coutume d'appeler *nerfs mixtes*.

Mais, à une distance variable de l'axe cérébro-spinal, tous les cordons nerveux *mixtes* ne le sont point au même degré, c'est-à-dire que tel cordon, sous un névrilème commun, n'offre à côté d'un nombre considérable de filets moteurs, que le petit nombre de filets sensitifs auxquels le système musculaire emprunte sa sensibilité propre (facial, hypoglosse, moteur oculaire commun, spinal ou nerf accessoire de Willis, etc. , etc.); tandis que tel autre cordon nerveux se compose non seulement des précédents filets, mais encore de ceux qui, se distribuant au système tégumentaire, sont appelés à transmettre les impressions de la périphérie au centre encéphalique; tels sont presque tous les nerfs destinés aux membres thoraciques et abdominaux.

Il devenait donc intéressant de savoir si une pareille différence dans la constitution du nerf pourrait se révéler à l'expérimentateur, en variant le sens des courants électriques. Or, avons-nous dit, l'effet le plus nettement opposé s'observe, quand on les dirige comparativement sur la racine rachidienne antérieure (purement *motrice*), ou sur le nerf rachidien (franchement mixte ou *sensitive-moteur*) pris immédiatement au-dessous du ganglion inter-vertébral. Chose remarquable, la même opposition dans les phénomènes n'existe plus d'une manière aussi tranchée pour les nerfs dans lesquels les filets de mouvement prédominent de beaucoup sur les filets de simple sensibilité musculaire (facial, hypoglosse, moteur oculaire commun, etc.) ; les résultats se sont montrés, en quelque sorte, intermédiaires à ceux que nous avions obtenus, d'une part avec les racines antérieures, et de l'autre avec les nerfs rachidiens stimulés au-dessous des ganglions (1) : d'où il résulte que la présence dans un nerf moteur de quelques fibres nerveuses sensitives ou à action centripète, suffit pour modifier les phénomènes, et que le galvanisme est un agent précieux pour découvrir ces fibres, alors même que le scalpel de l'anatomiste serait inhabile à en démontrer l'existence.

Rappelons qu'au contraire les nerfs facial, hypoglosse, moteur oculaire commun, spinal, etc., pris à leur origine et avant toute anastomose sensitive, se comportent, quand on change la direction du courant, absolument comme les racines antérieures, et non comme les nerfs mixtes.

Quelques physiologistes allemands ayant considéré la substance grise de la moelle épinière comme indispensable à la transmission des impressions et du principe des mouvements volontaires, nous déclarons que, chez le chien, nous l'avons constamment trouvée insensible et inapte à provoquer des secousses convulsives sous l'influence de l'électricité et des irritants mécaniques ; que sa destruction dans une longueur aussi considérable que possible, à l'aide d'un stylet, n'a aucunement modifié la sensibilité des faisceaux médullaires postérieurs, ou l'excitabilité des antérieurs.

---

(1) Quoique plus énergiques au commencement du courant *inverse* et à l'interruption du courant *direct*, les contractions ont persisté légèrement à l'interruption du premier et au commencement du second.

Ajoutons enfin que , *toute action réflexe* ayant disparu dans le bout caudal de la moelle divisée (chez le chien), la stimulation des faisceaux postérieurs n'a jamais donné lieu à la moindre contraction musculaire , *quel que fût d'ailleurs le sens du courant électrique.* Il en est de même des racines postérieures , après qu'on les a séparées de la moelle épinière. Au contraire, si elles adhèrent encore à cet organe , que le courant soit inverse ou direct, c'est toujours quand *on ferme le circuit* qu'elles provoquent des secousses convulsives , qui ne sont dues évidemment qu'à une incitation réfléchie sur les racines antérieures , puisque la section de ces dernières fait cesser à l'instant même toute contraction.

Conclusions. L'influence du courant électrique diffère totalement quand elle s'exerce sur les nerfs *exclusivement moteurs* , dont l'action n'est que centrifuge, ou sur les nerfs *mixtes,* dont l'action est à la fois centrifuge et centripète.

Les premiers excitent les contractions musculaires seulement au commencement du courant *inverse* et à l'interruption du courant *direct* , tandis que les seconds ne les font apparaître qu'au commencement du courant direct et à l'interruption du courant inverse.

Les faisceaux antérieurs de la moelle épinière se comportent avec les courants direct et inverse à la manière des nerfs simplement moteurs.

Cette action différente et remarquable des courants électriques sur les nerfs seulement moteurs, ou moteurs et sensitifs à la fois, nous paraît fournir un moyen sûr pour distinguer ces nerfs les uns des autres, et pouvoir servir, par conséquent, à éclairer une question qui divise encore aujourd'hui les physiologistes, celle de savoir s'il existe ou non des nerfs *mixtes* dès leur origine.

NOTA. *Dans une prochaine communication, nous aurons l'honneur d'exposer à l'Académie les résultats auxquels nous a conduits ce moyen d'expérimentation appliqué à l'étude du grand sympathique, et des divers renflements encéphaliques considérés seulement dans leurs rapports immédiats avec les contractions musculaires.*

NOTE

UR L'HYPOTHÈSE DES COURANTS ÉLECTRIQUES DANS LES NERFS.

Dans des expériences antérieures, n'ayant jamais pu constater, à l'aide du galvanomètre, l'existence de courants électriques dans l'encéphale, la moelle épinière ou dans les nerfs du chien, du lapin et de la grenouille, nous avons voulu tenter un nouvel essai sur un animal d'une grande stature (*cheval*), espérant ainsi nous placer dans les conditions les plus favorables à ce genre de recherches.

Le galvanomètre duquel nous avons fait usage dans ces nouvelles expériences, construit par Rumkorff, était d'une extrême sensibilité : le fil conducteur, décrivant deux mille cinq cents tours, était muni à chacune de ses extrémités d'une *lame de platine*, fixée sur un manche d'ivoire et vernie de manière à ne laisser découvert qu'un centimètre carré de sa surface. L'aiguille faisait une oscillation en soixante-dix secondes.

Avant leur application aux parties nerveuses, les deux lames de platine ont été immergées dans l'eau de fontaine pendant fort longtemps et jusqu'à ce que les signes de courant, qui s'observent toujours lors des premières immersions, eussent complétement disparu.

Ces précautions étant prises, et le cheval renversé vivant sur une table, son nerf sciatique fut isolé des muscles voisins (à l'aide de taffetas vernis), dans une longueur de 20 à 30 centimètres, essuyé avec soin et laissé en communication avec l'axe cérébro-spinal.

Après s'être encore assuré que l'aiguille restait constamment à zéro, quoiqu'on retirât de l'eau et replongeât alternativement dans ce liquide l'une ou l'autre lame de platine, on mit ces lames en contact d'abord avec la surface du sciatique, puis, après l'ablation du névrilème, avec différents points de l'épaisseur de ce nerf si volumineux.

L'intervalle de dérivation, c'est-à-dire la distance comprise entre les deux lames, étant d'abord de **3** à **4** centimètres, tantôt l'aiguille se maintint à zéro, tantôt elle dévia de quelques degrés pour revenir bientôt à zéro : cet intervalle ayant été brusquement porté jusqu'à 15 centimètres, la déviation aurait dû être notablement augmentée, dans le même sens, si des courants électriques existaient dans les nerfs. Il n'en fut rien ; ou bien l'aiguille ne dévia pas d'un plus grand nombre de degrés que dans le cas précédent, et encore sa déviation ne fut-elle que momentanée, ou bien celle-ci manqua entièrement.

Il importe de rappeler que, pendant la durée de ces expériences, par suite de la douleur que volontairement on excitait chez l'animal, son train postérieur était le siége d'efforts énergiques et répétés, et que, par conséquent, les extrémités du galvanomètre ont été mises en rapport avec le nerf sciatique, au moment même où il transmettait l'influence excitatrice aux muscles de la cuisse et de la jambe.

Si, en variant nos essais, nous avons vu quelquefois survenir une déviation assez sensible de l'aiguille, il est important de noter *que cette déviation n'a pas changé de sens, quoiqu'on intervertît les contacts;* que, d'ailleurs, elle a lieu toutes les fois que l'on ne touche pas *simultanément* le nerf avec les deux lames du galvanomètre. Au moment où l'on plonge ces lames successivement dans l'eau, on obtient aussi des déviations qui ne diffèrent pas de celles qu'on observe en implantant les extrémités de l'instrument dans le nerf lui-même.

En ayant égard à l'extrême sensibilité de notre galvanomètre, aux conditions favorables de l'expérience et aux précautions que nous avons prises, nous croyons être autorisés à conclure qu'il n'existe aucune trace de courants électriques dans les nerfs des animaux vivants, appréciable à l'aide des instruments que l'on possède aujourd'hui. Du reste, nos travaux antérieurs nous avaient déjà amenés à la même conclusion.